我爱抹茶

香气浓郁，韵味悠长。
51款传统抹茶制作的
日式点心。

[日]林幸子 编著　　周小燕 译

青岛出版社
QINGDAO PUBLISHING HOUSE

抹茶的故事

抹茶糕点的人气越来越高，抹茶也因此广受追捧，
抹茶口味已成为当前的一种经典口味。
现在让我们来重温抹茶不为人知的历史，了解它的营养价值吧。

了解抹茶

用茶壶沏泡的煎茶和抹茶有什么区别呢？它们的区别不仅在于抹茶呈粉末状，而且还有更深层次的差别。虽然煎茶和抹茶的原料是同一种茶叶，但是二者的栽培方法等都有所差异。抹茶是将种植的"碾茶"磨碎做成的。在碾茶收获的20天前，将整个茶园覆盖遮光，从而抑制苦涩的来源——儿茶素的产生，并使茶叶产生大量的甜味。碾茶的收获期主要在4～6月，主产区在京都府、爱知县和静冈县。虽然京都的抹茶比较出名，但是以爱知县的西尾市、丰田市为中心的种植区，出产的抹茶名气也很大。而煎茶就是将普通栽培法种植的茶叶以蒸汽杀青，再边烘干边揉捻来突出味道。由此可见，煎茶和抹茶是根据收获期、种植方法等差异来区分的。

抹茶自800多年前在日本就颇受青睐。观察抹茶的"抹"字，带有提手旁，这是因为以前要由喝茶人自己用手转动茶磨来磨碎茶叶。抹茶因此得名。

抹茶的营养价值

抹茶的味道和香气非常迷人，营养价值也很高。抹茶包含的成分和它们的作用是什么呢？

第1　维生素C
美肤作用

抹茶，要比煎茶或玉露茶等其他日本茶类富含更多的维生素C。抹茶所含有的儿茶素能抑制黑色素形成，所以有美肤的作用。

第2　茶氨酸
预防高血压

抹茶含有的茶氨酸和儿茶素有抑制血压上升的作用，所以被称为"高血压患者的救世主"。但是，抹茶含有丰富的维生素K，容易和服用的药物相克，要多加注意。

第3　儿茶素
瘦身作用

抹茶，和煎茶等其他茶类一样，含有丰富的儿茶素。儿茶素的苦味和涩味，是抹茶清爽味道的重要组成部分。儿茶素能有效燃烧体内脂肪，也被称为"瘦身的帮手"。

第4　食物纤维
缓解便秘

抹茶是将茶叶磨成粉末状食用，所以富含食物纤维。在茶壶中沏泡的茶会残留茶渣，食物纤维也就被丢弃了，但是食用粉末状的抹茶能让人充分摄取茶叶的营养成分。虽然不能说喝了就立刻见效，但是不断摄取就会有缓解便秘的作用，抹茶也因此广受欢迎。

抹茶的点茶方法

抹茶最基础的品尝方法，就是用茶筅点茶。

即使没有昂贵的工具，认真点茶也能做出很好的味道。

① 点茶前先在茶碗内倒入水，再放入茶筅静置约20分钟。这样茶筅会变得柔软。

② 给抹茶称重。用茶杓舀取两勺。若没有茶杓，可以用量秤（精确度到小数点后一位）称重2g。

③ 提前将沸腾的热水倒入暖瓶，再将约150ml的热水倒入茶碗。

④ 在点茶的茶碗中放入称好的抹茶，倒入步骤3的热水。热水不要直接浇在抹茶上，让水从点茶的茶碗边缘流下。

⑤ 用茶筅搅打约30秒，直至没有疙瘩，且茶水慢慢出现光泽。

⑥ 将暖瓶的热水（约95℃）倒入点茶的茶碗中，倒50～60ml，使茶碗里热水的温度上升到70～75℃。

⑦ 用茶筅点茶。边转动手腕，边将茶筅前后移动。这样重复15～30秒就能打发出细腻的气泡。

⑧ 完成。点茶时，肩膀、手腕和手不要过于用力，这样茶筅才能敏捷地移动。

CONTENTS 目录

● 本书的材料使用标准 ●

● 鸡蛋使用大号。

● 黄油使用无盐黄油。

● 1 小匙是 5ml，1 大匙是 15ml。

● 使用电烤箱和燃气烤箱都可以。但是烤箱的型号和使用年限不同，烘烤温度和烘烤时间也会不同，所以要以配方标注的时间为基础，边观察糕点的状态，边调整烘烤的时间和温度。

日式抹茶饮品和点心

现在介绍香气浓郁、
韵味悠长的抹茶饮品和点心。
不仅有日式点心，
还有各种有趣的创新食谱。

每天的经典茶饮

抹茶拿铁

材料（1人份）
牛奶…60ml
抹茶…1小匙
热水…80ml
抹茶（装饰用）…适量

做法

1. 在小锅内倒入牛奶，加热到接近沸腾，再将牛奶倒入碗内，用茶筅搅打（若没有茶筅，也可以用迷你打蛋器代替，但这样容易消泡）。

2. 用茶筛将抹茶筛入温热的容器内，再倒入热水，用茶筅搅打。然后慢慢倒入步骤1的材料，再撒上装饰用的抹茶即可。

奶香四溢，清香袭人

焙茶拿铁

材料（1人份）
牛奶…60ml
沏泡好的味浓焙茶…80ml

做法

1. 在小锅内倒入牛奶，加热到接近沸腾，再将牛奶倒入碗内，用茶筅搅打（若没有茶筅，也可以用迷你打蛋器代替，但这样容易消泡）。

2. 将泡好的味浓焙茶倒入温热的容器内，再慢慢倒入步骤1的材料即可。

用抹茶提香，黄豆粉香甜柔滑

抹茶黄豆粉拿铁

材料（1人份）

牛奶…80ml
黄豆粉…1大匙
热水…60ml
抹茶（装饰用）…适量

做法

1. 在小锅内倒入牛奶，加热到接近沸腾，再将牛奶倒入碗内，用茶筅搅打（若没有茶筅，也可以用迷你打蛋器代替，但这样容易消泡）。

2. 将黄豆粉倒入温热的容器内，再倒入热水，用茶筅搅打。然后慢慢倒入步骤1的材料，再用茶筛筛上抹茶即可。

麦香清甜，无咖啡因的拿铁

麦茶拿铁

材料（1人份）

牛奶…60ml
沏泡好的味浓大麦茶…80ml
黑砂糖…适量

做法

1. 在小锅内倒入牛奶，加热到接近沸腾，再将牛奶倒入碗内，用茶筅搅打（若没有茶筅，也可以用迷你打蛋器代替，但这样容易消泡）。

2. 将热大麦茶倒入温热的容器内，再慢慢倒入步骤1的材料，最后撒上用刀切碎的黑砂糖即可。

松软绵润，品质上乘

抹茶戚风蛋糕

模具
直径17cm的戚风模具1个

材料
低筋面粉…60g

抹茶…10g

泡打粉…1/2小匙

蛋黄…2个

水…4大匙

色拉油…2大匙

蛋白…4个

砂糖…80g

抹茶（装饰用）…适量

提前准备
❋ 烤箱预热到170℃。

做法

1. 将低筋面粉、抹茶、泡打粉倒入袋中，混合后过筛。

2. 在大碗内放入蛋黄，用电动打蛋器或者手动打蛋器打发到颜色发白、体积膨胀，再先后倒入水、色拉油继续打发。

3. 另取一个碗放入蛋白和砂糖，用完全擦净油分的打蛋器打发，直到有硬实的小角立起。

4. 将步骤1的材料倒入步骤2的材料内并充分搅拌，直到看不见粉末颗粒，然后将*1*和*2*的混合物分2~3次加入步骤3的材料中，并搅拌均匀。

5. 戚风模具什么也不用涂，将步骤4的材料倒入其中，再放入预热至170℃的烤箱中烘烤30~35分钟。烘烤完毕后将模具倒扣冷却，散热后用戚风刀脱模，最后用茶筛筛上装饰用的抹茶即可。

重点

1

在操作步骤*4*之前，要提前将粉类混合均匀，这样抹茶能立刻均匀地和其他材料融合，从而避免将面糊搅拌过度。

2-1

打发蛋黄时，要先打发到颜色发白、体积膨胀，蛋黄糊落下后会残留些许痕迹的状态，然后再放入水和油。

2-2

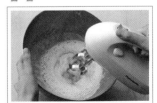

放入水和油后蛋黄会变成液体状，但继续打发会因为蛋黄中卵磷脂的作用，让水和油融合。

微苦柔软的奶油味道绝佳

抹茶提拉米苏

模具
直径15cm的舒芙蕾模具1个

材料
抹茶…⅓大匙
砂糖A…⅓大匙
热水…1/4杯
马斯卡彭奶酪…250g
长崎蛋糕…4～5片
牛奶…4～5大匙
鸡蛋…2个
砂糖B…6大匙
淡奶油…1/2杯
抹茶（装饰用）…适量

做法

1. 抹茶用茶筛过筛后，和砂糖A均匀混合，然后倒入热水，用筷子搅拌均匀，放凉后倒入马斯卡彭奶酪搅至化开。

2. 在长崎蛋糕的两面用刷子刷上牛奶，让牛奶渗入蛋糕。

3. 将鸡蛋的蛋黄和蛋白分离。将蛋黄用电动打蛋器打发到颜色发白，然后放入步骤1中的材料，并用木铲搅拌均匀。

4. 将淡奶油打发到九分（提起打蛋器奶油不会落下，有柔软的小角立起的状态），再将其倒入步骤3的材料内搅拌均匀。

5. 将蛋白和砂糖B均匀混合后打发（有小直角立起的状态）。然后将打发的蛋白分3次倒入步骤4的材料内搅拌均匀。

6. 倒入一半的步骤5的材料，将长崎蛋糕放入模具再倒入剩余的步骤5的材料，覆盖住长崎蛋糕。然后将模具放入冰箱冷藏。在食用前用茶筛筛上装饰用的抹茶即可。

注：1. 马斯卡彭奶酪是一种原产于意大利的新鲜奶酪。网上商城有售。
　　2. 长崎蛋糕是一种用牛奶、鸡蛋、面粉等制成的糕点。网上商城有售。

重点

1

抹茶过筛，然后放入砂糖搅拌均匀。抹茶会被砂糖的颗粒包裹住，这样倒入热水搅拌时，抹茶就不会形成疙瘩。

2

渗入牛奶后，长崎蛋糕会变得绵润。用刷子将牛奶均匀地涂抹在蛋糕两面。

5

步骤*4*的面糊较重，蛋白霜的气泡较弱，混合时难免会消泡，因此要将蛋白充分打发。

朴素的组合，凸显抹茶的颜色和香气

抹茶团子

材料（8～10串份）

粳米粉…120g

砂糖…20g

热水…1/2杯

红豆馅…适量

A ⌈抹茶…1/2大匙
 ⎜砂糖…1/2大匙
 ⌊热水…1大匙

做法

1. A的材料要提前混合均匀。将抹茶用茶筛过筛后，和砂糖均匀混合，再倒入热水搅拌均匀。

2. 将粳米粉和砂糖均匀混合后，倒入沸腾的热水，并用筷子快速搅拌。搅拌成块后，由于面团还很热，可以盖上浸湿的毛巾隔热，再从上往下按压揉捏，将面揉成团。

3. 将步骤2的材料用手撕成大小合适的小块，用热水焯烫约5分钟，然后放在毛巾上面，先将小块面团揉在一起，再用和步骤2相同的手法，揉捏过程5～10分钟，揉捏过程中间放入步骤1的材料揉匀。

4. 边滚动边拉伸步骤3的材料，直至将其揉成直径2cm的棒状。用筷子边按压边滚动面棒，将面棒分成2~3cm长的小团子。在每根浸湿的竹扦上串3粒小团子，最后涂抹上红豆馅即可。

口感清凉，*丝丝香甜*

凉粉

材料（2人份）

抹茶…1大匙

砂糖…1大匙

热水…2大匙

凉水…1/4杯

冰块…适量

做法

1. 将抹茶用茶筛过筛后，和砂糖均匀混合，再倒入热水搅拌均匀。

2. 将凉水倒入步骤1的材料中搅匀，再和冰块一起放入摇摇杯中摇匀即可。

抹茶香气浓郁的正宗核桃糕

抹茶核桃糕

材料（4人份）

抹茶…1/2大匙
热水…1大匙
砂糖…100g
水…6大匙
核桃…50g
方糕…200g
黄豆粉…适量

做法

1. 将抹茶用茶筛过筛，再倒入热水搅拌均匀。

2. 在锅内倒入砂糖和水，开火煮沸，将其做成糖浆。砂糖完全溶化后关火。将核桃切成粗末，放入预热至150℃的烤箱中烘烤10～15分钟。

3. 在小锅内放入方糕和水，用中火加热，煮软后捞出方糕再倒入另一锅内，边用小火加热边用木铲搅拌均匀。然后再边搅拌，边一点点倒入步骤2的热糖浆并搅拌均匀。等方糕变得有延展性后，停止倒入糖浆，然后倒入步骤1的材料搅拌，再倒入核桃仁搅拌均匀。

4. 在方盘内撒上黄豆粉。

5. 将木铲用水浸湿，用木铲把步骤3的材料移入方盘中。在上面撒上黄豆粉，按压抹匀至厚度均匀，放凉后切成一口大小即可。

注：方糕即切成方形的年糕，糯米制品。

抹茶奶油蛋糕卷

模具
30cm×30cm烤盘1个

材料（1个卷）

蛋糕卷
- 蛋黄…5个
- 蛋白…4个
- 砂糖…100g
- 低筋面粉…40g
- 黄油…40g
- 糖粉（防潮类型）…适量

抹茶奶油
- 抹茶…1大匙
- 热水…1大匙
- 白巧克力…40g
- 淡奶油…120ml

提前准备
※ 黄油隔水加热至化开。
※ 烤箱提前预热到200℃。

做法

〔蛋糕卷〕

1. 小碗内放入蛋黄，用电动打蛋器或者打蛋器打发到体积膨胀。

2. 大碗内放入蛋白和砂糖，用电动打蛋器打发，打发至提起打蛋器，蛋白霜会慢慢滑落并堆积起来。

3. 将步骤1的材料倒入步骤2的材料内，用打蛋器搅拌均匀后，筛入低筋面粉，再用硅胶刮刀搅拌到顺滑。

4. 将化开的黄油撒入面糊中搅拌，再将面糊倒入铺有油纸的烤盘中，然后将表面抹平。

5. 将烤盘放入预热至200℃的烤箱中烘烤12分钟，烤好后倒扣烤盘，取出蛋糕放在案板上。只需撕下侧面的油纸，蛋糕片带着底面的油纸放凉即可。

〔抹茶奶油〕

1. 将抹茶用茶筛过筛，再用热水溶解。

2. 碗内放入白巧克力，将巧克力碗放入盛有热水的大碗内，隔水加热备用。

3. 在小锅内倒入淡奶油，用小火加热到约40℃，再倒入步骤1的材料搅拌均匀。然后将小锅内的混合物倒入步骤2的碗内，边用打蛋器搅拌边让白巧克力化开。化开后将大碗内的水换成冰水，边用橡皮刮刀搅拌边冷却。

4. 将步骤3的材料用打蛋器打发到八分发即可。

〔装饰〕

1. 将海绵蛋糕有烤色的一面朝下，放在油纸上。在蛋糕上放上抹茶奶油，用抹刀抹平，然后从面前的一边开始用力卷起。卷好后用下面铺着的油纸包裹，然后再用保鲜膜在外面包一层，放入冰箱冷藏约30分钟。※卷法参考P.63。

2. 撕下保鲜膜和油纸，撒上糖粉，用温热的刀分切即可。

重点

抹茶奶油 2

将巧克力隔水加热化开，这样能使巧克力与其他材料均匀混合，也不会影响淡奶油的味道。

抹茶奶油 3-1

在巧克力完全化开前放入淡奶油和抹茶水的混合物。若在巧克力化开后再放，会因液体变得黏稠而难以混合。

抹茶奶油 3-2

打发前，抹茶奶油要完全放凉。若趁热打发，油脂容易分离。打发至表面变得平滑就可以了。

多放抹茶和鸡蛋，口感惊艳浓郁

浓茶布丁

材料（4人份）

鸡蛋…3个

淡奶油…1/2杯

牛奶…2/3杯

砂糖…3大匙

白兰地…1大匙

A ┌ 抹茶…2大匙
  │ 砂糖…1大匙
  └ 热水…2大匙

和三盆糖浆 ┌ 和三盆糖…3大匙
         │ 水…3大匙
         └ 玉米淀粉…1/2小匙

提前准备

※ 烤箱预热到160℃。

做法

1 将A的材料提前均匀混合。做法是抹茶用茶筛过筛后再和砂糖混合，然后倒入热水搅拌均匀。

2 鸡蛋打散，放入步骤1的材料中，用打蛋器轻轻搅拌，不要打发。然后倒入淡奶油、牛奶搅拌，再放入砂糖、白兰地搅拌均匀。搅拌到砂糖完全溶解后，用滤网过滤。

3 将步骤2的材料倒入容器中，再摆在方盘上，方盘内倒入热水。将方盘放入预热至160℃的烤箱中烘烤20分钟，然后冷却。

4 将和三盆糖浆的材料全部放入锅内，开火加热，边煮沸边搅拌至黏稠。

5 放凉后将糖浆淋在布丁上即可。

丝滑的巧克力和微苦的抹茶融合

抹茶热巧克力

材料（2人份）

A ┌ 抹茶…1大匙
  │ 砂糖…1大匙
  └ 热水…1/4杯

淡奶油…1/4杯
牛奶…1杯
白巧克力…50g

做法

1. 将A的材料均匀混合。做法是将抹茶用茶筛过筛后和砂糖混合，再倒入热水搅拌均匀。

2. 将淡奶油用打蛋器慢慢打发。

3. 牛奶倒入锅内，用中火加热，牛奶变热后放入切碎的白巧克力至溶化，再倒入步骤1的材料搅拌均匀。

4. 将步骤3的材料倒入容器内，再倒入步骤2的材料即可。

味道比普通甜酒更正宗

抹茶甜酒

材料（2人份）

酒糟…100g

温水…5⁄4杯

砂糖…3大匙

A
├ 抹茶…1/2大匙
├ 砂糖…1大匙
└ 热水…2大匙

做法

1. 将酒糟撕碎，浸入温水中，静置2～3小时泡软。

2. 将A的材料混合均匀。做法是将抹茶用茶筛过筛后，和砂糖混合，倒入热水搅拌均匀。

3. 将泡软的酒糟用小火加热到化开，再放入砂糖搅拌均匀，然后倒入容器内，淋上步骤2的材料，边搅拌边食用即可。

豆腐搭配抹茶，可作为一道宴客菜

抹茶味噌豆腐

材料（2人份）

木棉豆腐…1块

抹茶…1小匙

热水…1大匙

炒芝麻…少量

A ┌ 白味噌…3大匙
　├ 砂糖…1/2大匙
　└ 味啉…2大匙

做法

1. 将豆腐切成4等份，摆在笊篱（或者厨房用纸）上，静置约10分钟。

2. 抹茶用茶筛过筛，再倒入热水搅拌均匀。

3. 将A的材料放入锅内，用中火加热，边煮沸边搅拌，将味噌煮到凝固后关火，然后倒入抹茶并搅拌均匀。

4. 将豆腐放在烤鱼架上，煎约10分钟，将两面煎成焦黄色。在豆腐表面抹上步骤3的材料，再煎1～2分钟，将抹的酱料也煎成焦黄色。将煎好的豆腐放在容器中，撒上炒芝麻即可。

重点

3-1

将味噌煮至凝固，再抹在豆腐上，这样可防止味噌掉落。味噌中放入了砂糖和味啉，所以会煮出光泽。

3-2

抹茶过度加热，容易让香气消散。所以放入抹茶前，一定要关火。

4

如果烤鱼架只能进行单面煎烤，可以用平底锅先将豆腐的两面都煎好，再放到烤架上，抹上味噌酱后继续烤。

不要吝惜糖粉，多撒一些

抹茶松子雪球饼干

材料（20~25个份）

黄油…60g

糖粉…40g

低筋面粉…70g

抹茶…1/2大匙

松子…30g

糖粉（装饰用）…适量

提前准备

※ 黄油在室温下静置软化。

※ 将松子切碎。

※ 将低筋面粉和抹茶放入袋中均匀混合，再过筛备用。

※ 在饼干小面团揉圆前，将烤箱预热到180℃。

做法

1. 在碗内放入黄油和糖粉，用硅胶刮刀的刀面按压搅匀。待混合物变得湿润后，放入过筛的低筋面粉和抹茶，继续搅拌到看不见粉末颗粒。

2. 放入松子，将其均匀混入面团中。给面团盖上保鲜膜，放入冰箱冷藏静置约1小时。

3. 将面团分成20~25小份，将每份的小面团揉圆后放在烤盘上，再放入预热至180℃的烤箱中烘烤约15分钟。

4. 给烤好的饼干趁热撒上大量糖粉即可。

重点

1

将糖粉分2~3次放入黄油中搅拌，每次放入都不用搅拌均匀。放入低筋面粉和抹茶后，再在盆内揉搓搅匀。

3

用手将小面团揉匀，不要粘上糖粉。若面团中混入了空气，烘烤后就容易开裂。所以在进行步骤1时要用手充分揉搓面团，以免混入空气。

4

将烤好的饼干放入盛有糖粉的碗内，均匀地裹上糖粉。饼干温热时，黄油会渗出到表面，因此趁热更容易裹上糖粉。

青草饼

材料〔4人份〕

抹茶…1小匙
热水…2小匙
淡奶油…2大匙
白芸豆馅…100g

A ┌ 糯米粉…70g
  │ 艾草粉…3g
  │ 砂糖…60g
  └ 水…1/2杯

做法

1. 将抹茶用茶筛过筛，再倒入热水搅拌均匀。

2. 将淡奶油打发到八分发，再加入抹茶、白芸豆馅并搅拌均匀后，分成四等份，然后用保鲜膜将每份分别包裹好再冷冻。

3. 将A的材料全部放入锅内，待糯米粉和砂糖化开后，开火加热，边用木铲搅拌边将混合物煮熟。

4. 将木铲用水浸湿，用木铲把步骤3的材料移入铺有淀粉（分量以外）的方盘内。待其散热后将其分成四等份，每份都包裹一份步骤2的材料，然后在室温下静置解冻，让奶油变得柔软即可。

重点

2

要将步骤2的馅料冷冻到变硬，这样移动时它才不会塌陷，用糯米团包裹时也会更容易操作。

3

混合A的材料时，糯米团变得沉重后，改用硅胶刮刀或者木铲，再用力搅匀。

4

将糯米团放在方盘上的一侧作为外侧，将奶油放在内侧并包裹起来。奶油恢复室温后会难以包裹，所以要快速将糯米团的边缘捏合，把奶油包裹好。

黑豆和抹茶组合成优雅的日式糕点

黑豆抹茶挞

模具

直径18cm的圆形慕斯圈1个

材料

挞底

　黄油…60g

　蛋液…1个鸡蛋的量

　糖粉…60g

　低筋面粉…100g

抹茶馅

　黄油…60g

　糖粉…60g

　蛋液…1个鸡蛋的量

　甘煮黑豆…120g

　糖粉（防潮类型，装饰用）…适量

　细砂糖…适量

A ┌ 杏仁粉…60g
　├ 低筋面粉…5g
　└ 抹茶…10g

提前准备

❋ 所有黄油在室温下静置软化。

❋ 将A的材料放入袋中均匀混合。

❋ 烤箱预热到180℃。

做法

〈挞底〉

1. 在碗内放入黄油，分2次放入糖粉，用硅胶刮刀搅匀。然后分2次倒入打散的蛋液，充分搅拌成奶油状。

2. 将低筋面粉筛入步骤1的材料，用硅胶刮刀搅匀。看不到面粉颗粒后将混合物揉成团，用保鲜膜包裹，放入冰箱冷藏静置1小时以上。

3. 将步骤2的材料放在操作台上，用手按压揉匀，挤出空气，揉好后用保鲜膜包裹，放入冰箱再次冷藏。

4. 在操作台上撒上低筋面粉（分量以外），放上第3步冷藏好的面团，给面团也撒上低筋面粉，再用擀面杖将其擀成厚3mm的圆饼。将面团放在铺有油纸的烤盘上，用慕斯圈压出圆形，去除边缘多余的部分。

5. 用叉子叉出几个孔洞，带着慕斯圈放入预热至180℃的烤箱中烘烤15分钟即可。

〈抹茶馅〉

1. 将黄油放入碗内，分几次放入糖粉。每次放入糖粉时，都用打蛋器搅拌均匀，再分2次倒入蛋液搅匀。

2. 将A筛入步骤1的材料内，用硅胶刮刀搅拌均匀即可。

装饰

1. 在带有慕斯圈的挞底中填上抹茶馅，撒上黑豆，再轻轻撒上细砂糖，然后放入预热至180℃的烤箱中烘烤约35分钟。

2. 烘烤完毕后脱模，再将抹茶挞放在烤架上，撒上糖粉即可。

抹茶红豆酥粒挞

模具

直径18cm的圆形慕斯圈1个

材料

挞底

黄油…60g

糖粉…60g

蛋液…1个鸡蛋的量

低筋面粉…100g

酥粒

黄油…20g

杏仁粉…20g

细砂糖…20g

低筋面粉…20g

抹茶…1小匙

抹茶馅

无盐黄油…60g

糖粉…60g

蛋液…1个鸡蛋的量

煮红豆…100g

细砂糖…适量

A ┌ 杏仁粉…60g

　低筋面粉…5g

　抹茶…10g

└ 抹茶…1小匙

提前准备

❋ 除用于制作酥粒外的所有黄油在室温下静置软化。

❋ 将用于制作酥粒的黄油切成骰子大小，放入碗内，再放入冰箱冷藏备用。

❋ 将A的所有材料放入袋中，均匀混合。

❋ 烤箱预热到180℃。

做法

〈挞底〉

1. 在碗内放入黄油，分2次放入糖粉，用硅胶刮刀搅匀。然后分2次倒入打散的蛋液，充分搅拌成奶油状。

2. 将低筋面粉筛入步骤1的材料内，用硅胶刮刀搅匀。看不到面粉颗粒后将混合物揉成团，用保鲜膜包裹，放入冰箱冷藏静置1小时以上。

3. 将步骤2的材料放在操作台上，用手按压揉匀，挤出空气，揉好后用保鲜膜包裹，放入冰箱再次冷藏。

4. 在操作台上撒上低筋面粉（分量以外），放上冷藏好的面团，给面团也撒上低筋面粉，再用擀面杖将其擀成厚3mm的圆饼。将面团放在铺有油纸的烤盘上，用慕斯圈压出圆形，去除边缘多余的部分。

5. 用叉子在面饼上叉出几个孔，带着慕斯圈放入预热至180℃的烤箱中烘烤15分钟即可。

〈酥粒〉

将做酥粒的所有材料放入碗内，边将黄油裹上粉类，边用手指反复将其揉搓成蓬松的酥粒状，然后放入冰箱冷藏。

〈抹茶馅〉

1. 黄油放入碗内，分几次放入糖粉。每次放入糖粉时，都用打蛋器搅拌均匀，再分2次倒入蛋液搅匀。

2. 将A筛入步骤1的材料内，用硅胶刮刀搅拌均匀后，再加入煮红豆粗略搅拌即可。

装饰

1. 在带有慕斯圈的挞底中填上抹茶馅。边撒上酥粒边用手拢好，以免酥粒掉落在慕斯圈外。从边缘开始撒，中间少放一些。

2. 放入预热至180℃的烤箱中烘烤约35分钟。

3. 烘烤完毕后脱模，再将挞放在烤架上，撒上细砂糖（分量外）即可。

重点

抹茶馅

第1次倒入蛋液搅匀时，要搅拌成奶油状（如图），这样即使第2次倒入蛋液后变得油水分离，也容易再次搅拌成奶油状。

酥粒

将黄油放入冰箱冷藏到开始制作酥粒前。混合时将黄油用粉类包裹并捏碎，若操作中黄油化开，再放入冰箱冷藏。

装饰

将酥粒从边缘开始撒在抹茶馅上，注意用手将其拢好。撒满边缘后，将剩余的酥粒放在中间。装饰的时候边缘要多放一些酥粒。

香气袭人，口感顺滑

焙茶可丽饼

材料（6～8片份）

可丽饼

低筋面粉…110g

鸡蛋…2个

沏泡好的焙茶…1杯

牛奶…1/3杯

砂糖…2大匙

液态的黄油…2大匙

色拉油…适量

焙茶酱汁

沏泡好的焙茶…1/2杯

牛奶…1/2杯

蜂蜜…2大匙

玉米淀粉…1大匙

年糕碎…适量

做法

〈可丽饼〉

1. 将过筛的低筋面粉倒入碗内。另取一碗，放入鸡蛋、焙茶、牛奶，用打蛋器搅拌均匀，再分多次倒入装有低筋面粉的碗内，每次都用打蛋器从碗底开始搅拌，直至将低筋面粉搅拌均匀。

2. 搅拌顺滑后，放入砂糖和液态的黄油搅匀，然后静置1小时以上。

3. 加热平底锅，倒入色拉油，倒入适量的步骤2的材料，略微倾斜平底锅，让可丽饼面糊快速铺开。等表面凝固后翻面，将两面都煎好。

〈焙茶酱汁〉

将制作焙茶酱汁的材料全部放入锅内，用中火加热，边搅拌边煮沸，搅拌到黏稠。

装饰

将可丽饼对折两次装盘，淋上焙茶酱汁，最后撒上年糕碎。

活用抹茶代替酱油

蒸笼荞麦面

材料（2人份）

生荞麦面…2人份
葱…适量
芥末泥…适量

荞麦面汤
　抹茶…1小匙
　热水…2小匙
　浓稠的高汤…1杯
　盐…1小匙

做法

〈荞麦面汤〉

将抹茶用茶筛过筛，倒入热水搅拌均匀，再和高汤、盐均匀混合，放凉备用。

1. 葱切薄片，浸入大量的水中，分离成小圈，再沥干。

2. 在锅中倒入足量的热水煮沸，将荞麦面边散开边放入水中，转小火煮熟，不要煮沸。煮熟后立刻放入凉水中，再放在笊篱中沥干。

3. 在容器内盛上步骤2的荞麦面，放上步骤1的葱、芥末，最后浇上抹茶荞麦面汤即可。

微苦的抹茶和香气温和的萝卜相互融合

萝卜干抹茶奶油浓汤

材料（2人份）

萝卜干…20g

山药…100g

橄榄油…1大匙

低筋面粉…1/2大匙

泡发萝卜干的汤汁…1杯

牛肉汤…1杯

抹茶…1/2大匙

牛奶…1杯

盐、胡椒、橄榄油（装饰用）、抹茶（装饰用）…各适量

做法

1. 将萝卜干用足量的温水（分量以外）浸湿并揉搓，再浸泡静置20～30分钟，完全泡发后切成边长约5cm的块状。取一杯泡发汤汁备用。

2. 将山药削皮，再切成2～3cm长的块状。

3. 锅内倒入橄榄油加热，放入步骤1和2的材料轻轻翻炒，与油拌匀。放入面粉继续炒，然后倒入萝卜干的泡发汤汁和牛肉汤煮沸。再用中火加热约10分钟，转小火继续煮，煮到汤汁剩约一半就可以了。

4. 将步骤3的材料和抹茶用搅拌机搅匀后，倒回锅内，再倒入牛奶，用小火加热，注意不要煮沸，最后撒上盐和胡椒调味。

5. 将做好的汤装盘，用茶筛筛入抹茶，再淋上橄榄油即可。

重点

3

放入的山药和面粉会让汤汁更浓稠。在煮之前，先轻轻翻炒萝卜干和山药，味道会更好。

4

煮好后再放入抹茶，以免煮沸的热气让抹茶的香气消散。

用芝麻点缀糯软热乎的红薯

抹茶黑芝麻红薯蒸蛋糕

模具

直径7cm的杯子模具6个

材料

红薯…1个（约250g）

枸杞…2大匙

炒黑芝麻…2大匙

低筋面粉…150g

泡打粉…2小匙

砂糖…70g

鸡蛋…1个

牛奶…1/3杯

A ┌ 抹茶…1/2大匙
  │ 砂糖…1大匙
  └ 热水…⅔大匙

做法

1. 将A的材料提前均匀混合。做法是将抹茶用茶筛过筛后，和砂糖均匀混合，再倒入热水，继续搅拌至均匀。

2. 将红薯削皮，切成边长1cm的小块，放入水中浸泡，再煮约30秒至1分钟。将枸杞用漫过食材的温水浸泡。将炒黑芝麻切碎。

3. 将低筋面粉和泡打粉均匀混合过筛。

4. 碗内放入步骤1的材料、砂糖、蛋液、牛奶搅拌均匀，再放入步骤2和3的材料，并用硅胶刮刀快速搅拌，然后用汤匙将面糊舀入模具中。

5. 将做好的生坯放入水已经煮沸的蒸锅内，蒸约15分钟即可。

重点

2

将红薯放入水中浸泡，将多余的淀粉泡出，可以抑制苦涩味。枸杞用温水泡发。

4

放入粉类、红薯、枸杞，用硅胶刮刀快速切拌，将面糊搅匀。

有大片香蕉的绵润玛芬

抹茶豆渣玛芬蛋糕

模具
直径8cm的玛芬蛋糕模具6个

材料

低筋面粉…80g

抹茶…10g

泡打粉…2小匙

蔗糖…80g

黄油…60g

豆渣…120g

鸡蛋…4个

香蕉…3个

农夫奶酪…100g

糖霜

  糖粉…1/4杯

  抹茶…1小匙

  水…1小匙

提前准备
❋ 烤箱预热到200℃。
❋ 黄油在室温下静置软化。

做法

1. 将低筋面粉、抹茶、泡打粉、蔗糖、软化好的黄油放入食物料理机,搅打成绵润的粉末状,再取出倒入碗内,放入豆渣,用硅胶刮刀搅拌均匀。

2. 将香蕉切成厚约1cm的圆片。

3. 将香蕉片、农夫奶酪放入步骤1的材料中搅拌。再倒入打散的蛋液,快速搅匀后,即成玛芬蛋糕糊。将玛芬蛋糕糊倒入涂有黄油(分量以外)、撒上低筋面粉(分量以外)的模具内,然后放入预热至200℃的烤箱中烘烤20分钟即可。

〈糖霜〉

在碗内放入糖粉和抹茶,一点点倒入水,边搅拌边调整黏稠度。

装饰

在烤好的玛芬蛋糕上,用汤匙淋上糖霜,等待凝固。

> 重点

1

用食物料理机搅打时,要边搅打边观察状态。搅打到粉类和黄油充分融合的状态(如图所示)。

3

将香蕉和农夫奶酪粗略搅拌就可以了。倒入打散的蛋液后,用硅胶刮刀像画圆一样大幅度快速搅拌。

糖霜

制作糖霜时,要一点点倒入水,边观察状态边调整黏稠度。糖霜要趁热淋在蛋糕上,这样就能凝固了。

表面酥脆、里面是芳香醇厚的抹茶

抹茶牛奶司康饼

材料（7~8个份）

抹茶…1小匙
热水…2小匙
脱脂奶粉…2大匙
低筋面粉…200g
泡打粉…1大匙
黄油…40g
牛奶…3/4杯

提前准备

◈ 烤箱预热到180℃。

◈ 黄油在室温下静置软化。

做法

1. 将抹茶用茶筛过筛后，倒入热水搅拌均匀，再放入脱脂奶粉搅匀。

2. 将低筋面粉、泡打粉、黄油放入食物料理机中搅打至绵润，再倒入碗内。

3. 将牛奶加热至接近沸腾，倒入步骤2的材料内，用筷子快速搅拌后，切拌面糊。将面糊搅拌至蓬松，再用手揉成团。

4. 将步骤3的材料放在操作台上，用擀面杖擀成不到1cm厚的面饼，用刷子刷上步骤1的材料，将面饼折起来再擀开。如此重复操作2~3次，然后用刀切成三角形。

5. 将步骤4的材料摆在烤盘上，在上面刷上剩余的步骤1的材料，放入预热至180℃的烤箱中烘烤15~20分钟即可。

浓郁的黄油抹茶蛋糕中藏有完整的栗子

栗子红豆抹茶杯子蛋糕

模具

直径8cm的杯子蛋糕模具6个

材料

抹茶…15g

低筋面粉…100g

泡打粉…1小匙

黄油…80g

砂糖…100g

蛋液…2个鸡蛋的量

煮红豆（略微留些水分）…1杯

糖水煮栗子…12个

提前准备

❋ 黄油在室温下静置软化。

❋ 烤箱预热到180℃。

做法

1. 将抹茶、低筋面粉、泡打粉均匀混合，过筛备用。

2. 将软化好的黄油和砂糖放入碗内，用打蛋器搅拌到颜色发白，再将蛋液分2～3次放入碗内搅拌，搅拌顺滑后，放入步骤1的材料搅拌均匀。最后放入煮红豆搅拌。

3. 在模具内涂抹黄油（分量以外），撒上低筋面粉（分量以外），先在每个模具中倒入至其容器一半处的蛋糕糊，再各压上2个糖水煮栗子，然后倒入剩余的面糊，最后轻叩模具底部，震出空气。

4. 放入预热至180℃的烤箱中烘烤20分钟即可。

重点

2

将第1次倒入的蛋液搅拌均匀，这样第2、3次倒入蛋液时，即使变得油水分离，也能再搅拌至均匀顺滑。最后放入煮红豆，注意不要搅碎。

3-1

将2个栗子各自的平面相对压入面糊中，摆出漂亮的样子。

3-2

放入所有的栗子，倒入剩余的面糊后，单手拿着模具，用另一只手掌轻轻敲打模具，让栗子和面糊能紧贴在一起。

抹茶司康

材料（5~6个份）

低筋面粉…130g

抹茶…1大匙

泡打粉…1/2大匙

砂糖…1/2大匙

黄油…20g

牛奶…3大匙

热水…2大匙

牛奶…适量

提前准备

* 烤箱预热到210℃。

* 黄油在室温下静置软化。

做法

1. 将低筋面粉、抹茶、泡打粉、砂糖、黄油放入食物料理机中搅打至绵润，再倒入碗内。

2. 将牛奶和热水均匀混合，倒入步骤1的材料内并快速搅拌揉成团，再将面团放在操作台上。

3. 将面团用擀面杖擀至2cm厚，用直径约7cm的圆形饼干模压出造型。将司康面饼放在铺有油纸的烤盘上，表面抹上牛奶，放入预热至210℃的烤箱中烘烤10~12分钟即可。

倒入热水，清香四溢

抹茶渍鲷鱼

材料（2人份）

鲷鱼片…120g

鸭儿芹…4~5根

腌渍海带…4~6片

米饭…2茶碗

芝麻粉…1大匙

年糕碎…适量

热水…适量

A
- 芝麻粉…1大匙
- 抹茶…1小匙
- 盐…1/4小匙
- 高汤…1大匙

做法

1. 将A的材料全部均匀混合，裹在撕碎的鲷鱼片上。

2. 将鸭儿芹切成2~3cm的长段，盐渍海带切细丝。

3. 茶碗里盛上米饭，放上处理好的鲷鱼片，撒上鸭儿芹段、海带丝、芝麻粉、年糕碎，再倒入热水即可。

使用粗吸管，乐趣更多

抹茶果冻牛奶

材料（2人份）

牛奶…100ml

抹茶琼脂

　水…150ml

　琼脂粉…2g

　抹茶…1小匙

　砂糖…3大匙

　热水…50ml

蔓越莓果冻

　水…10ml

　吉利丁粉…1/2袋（2.5g）

　蔓越莓汁…100ml

做法

〈抹茶琼脂〉

1. 将琼脂粉放入水中，静置约10分钟将其泡软。

2. 将泡好的琼脂粉放入锅内，用大火加热。沸腾后转小火，煮1～2分钟，让琼脂化开。

3. 抹茶用茶筛过筛后，和砂糖均匀混合，再倒入热水，搅拌至溶化后，倒入化好的琼脂搅拌均匀。

4. 将步骤3的材料倒入方盘内，盘底浸入冰水中，再放入冰箱冷藏凝固即可。

〈蔓越莓果冻〉

1. 在碗内倒入水，放上吉利丁粉，静置约10分钟将其泡软。

2. 把装有步骤1的材料的碗底浸入热水，让吉利丁化开，再和蔓越莓汁均匀混合。

3. 将步骤2的材料倒入方盘内，盘底浸入冰水中，再放入冰箱冷藏凝固即可。

装饰

将抹茶琼脂和蔓越莓果冻切碎，倒入玻璃杯中，再倒入牛奶即可。

多放奶酪和抹茶，非常适合搭配酒类

抹茶盐饼干

材料（20块份）

黄油…100g
糖粉…35g
蛋液…2大匙
帕尔玛干酪…80g

A ⎡ 抹茶…1大匙
  ⎢ 低筋面粉…200g
  ⎣ 盐…1/2小匙

提前准备

❋ 将帕尔玛干酪切碎。
❋ 黄油在室温下静置软化。
❋ 烤箱预热到170℃。

做法

1. 碗内放入黄油、糖粉，用打蛋器搅拌均匀。再倒入蛋液，继续搅拌成奶油状。

2. 将A的材料全部均匀混合，筛入步骤1的材料中，再放入约3/4切碎的帕尔玛干酪，用硅胶刮刀切拌。最后在碗内边按压边搅拌，以免面团混入空气。将面团揉成棒状，放入冰箱冷冻凝固。

3. 将冷冻的步骤2的材料切成7~8mm厚的块状，再有间隔地摆在铺有油纸的烤盘上。撒上剩余的帕尔玛奶酪，放入预热至170℃的烤箱中烘烤15~20分钟即可。

浅白的腐皮更凸显香味

豆腐皮芝麻茶饭卷

材料（4人份）

米饭…300g

炒芝麻…2大匙

豆腐皮…2片

抹茶…1小匙

盐…适量

做法

1. 在米饭内混入炒芝麻，撒上盐调味。

2. 将豆腐皮在案板上展开，竖向放置，再将米饭放在豆腐皮上摊开，从面前1～2cm处摊至豆腐皮的1/2处。然后将抹茶全部撒在米饭上。

3. 将1～2cm的豆腐皮盖上米饭，再用力将米饭卷起，豆腐皮的接口处向下，再将饭卷均匀切开即可。

重点

2

将步骤1的米饭均匀摊开在豆腐皮上。因为要用豆腐皮做饭卷，所以面前1～2cm处不放米饭，要留白。

3

将面前1～2cm不放米饭的豆腐皮盖在米饭上，并一点点按压紧实，再用力卷起。

撒上抹茶，香气和颜色更诱人

抹茶烩饭

材料（2人份）

鸡蛋…2个

四季豆…8根

胡萝卜…40g

米饭…300g

黄油…½大匙

抹茶…1小匙

盐…适量

胡椒…适量

做法

1. 将鸡蛋打散，撒上盐、胡椒调味。将四季豆切成1cm长的小段，胡萝卜削皮后切成边长约1cm的小块。

2. 加热平底锅，放入1/2大匙黄油加热至熔化，再倒入步骤1的蛋液，做成炒蛋，盛出备用。

3. 在步骤2的平底锅内放入剩余的黄油，加热至化开，放入四季豆和胡萝卜煸炒。然后放入米饭继续炒，撒盐调味后关火。

4. 将抹茶撒在步骤3的材料上搅拌，使米饭均匀上色，最后倒入步骤2的材料并搅拌均匀即可。

重点

2

将蛋液倒入平底锅内炒熟。炒蛋做好后，倒回盛装蛋液的碗内备用。

4-1

关火后再撒上抹茶，这样抹茶不会因受热而使香气消散。

4-2

最后将备用的炒蛋倒回平底锅内。

微苦的抹茶非常适合搭配浓郁的奶酪

罗勒意大利面

材料（2人份）

意大利面（直径1.9mm）…150g

扁豆…40g

盐…20g

A
核桃…20g
帕尔玛干酪…20g
抹茶…1/2大匙
橄榄油…2大匙
盐…1/4小匙

做法

1. 将A的核桃和帕尔玛干酪切碎，倒入蒜臼敲碎搅匀。再放入抹茶、橄榄油、盐，再次搅拌均匀。

2. 将扁豆的两端切掉，纵向切成四等份。

3. 将2l（分外量）的水煮沸，放入20g盐，按照包装袋上的说明，将意大利面煮熟。在煮熟前的2~3分钟，放入扁豆。同时，取出少许汤汁备用。

4. 将步骤3的材料取出放在笊篱上沥干水，然后放入碗内，浇上步骤1的材料，放入少许汤汁，再快速搅拌均匀即可。

不用食物料理机，而用蒜臼制作更能保留食材的香气。在放入其他材料前，要先将核桃和奶酪搅拌至黏稠。

口感顺滑，抹茶香气浓郁

抹茶外郎糕

模具

12cm×14cm的羊羹模1个

材料

抹茶…1大匙
砂糖…60g
粳米粉…50g
葛粉…20g
水…200ml

做法

1. 将抹茶、砂糖、粳米粉均匀混合。

2. 锅内放入葛粉和水，充分搅拌，以免葛粉结块。再放入步骤1的材料搅拌均匀。

3. 将步骤2的材料用中火加热。边加热边搅拌，搅拌至黏稠后关火，用滤网将混合物过滤到羊羹模内。

4. 将步骤3的材料放入水已经沸腾的蒸锅中，蒸15分钟。热气散开后，在模具底部放上冰水冷却，最后切成方便食用的小块即可。

酸甜可口的草莓和清香的抹茶非常相配

抹茶三色奶冻

材料（2人份）

抹茶芭芭露
  抹茶…1小匙
  热水…³⁄₂小匙
  吉利丁粉…1袋（5g）
  水…50ml
  蛋黄…2个

  牛奶…100ml
  砂糖…3大匙
  淡奶油…100ml
  酸奶…80ml
  草莓…6个
  枫糖浆…适量

做法

〈抹茶芭芭露〉

1. 将抹茶用茶筛过筛后，倒入热水搅拌均匀，然后放凉备用。

2. 将吉利丁粉放入水中，静置一会儿将其泡软。

3. 将蛋黄、牛奶、砂糖搅拌均匀，倒入锅内，边用小火加热到约50℃边搅拌。然后放入泡好的吉利丁粉，让吉利丁化开。

4. 将淡奶油和泡好的奶茶放入碗内，碗底浸入冰水，然后将奶油打到八分发。

5. 将步骤3的材料放入另一个碗内，碗底放上冰水，搅拌至黏稠后，放入步骤4的材料搅拌均匀，然后倒入容器内，把容器底部浸入冰水或者将容器放入冰箱内使芭芭露凝固即可。

装饰

抹茶芭芭露冷却凝固后，倒入酸奶，再将切碎的草莓沿着容器边缘摆好，做成和甜甜圈一样的形状。最后，在中间倒入枫糖浆即可。

质地绵润，抹茶香浓

抹茶蛋糕卷

模具
30cm×30cm的方烤盘1个

材料（1个份）
蛋糕卷
    蛋黄…5个
    蛋白…4个
    砂糖…100g
    低筋面粉…35g
    抹茶…10g
    黄油（隔水加热至熔化）…40g
    抹茶（装饰用）…适量
馅
    白芸豆馅…80g
    白兰地…1大匙

提前准备
❋ 黄油隔水加热至化开。
❋ 烤箱预热到200℃。
❋ 碗内放入白芸豆馅，再倒入白兰地搅拌均匀。

做法
〔蛋糕卷〕

1. 将蛋黄放入小碗内，用电动打蛋器打发到体积膨胀。

2. 在大碗内放入蛋白和砂糖，打发到提起打蛋器蛋白霜能缓缓落下、慢慢堆积起来的状态。

3. 将打好的蛋黄倒入步骤2的材料内，用打蛋器搅拌均匀后，将低筋面粉和抹茶筛入碗内，用硅胶刮刀搅拌至顺滑。

4. 将化开的黄油撒入蛋糕糊中搅拌，再将蛋糕糊倒入铺有油纸的烤盘中，然后将表面抹平。

5. 将步骤4的材料放入预热至200℃的烤箱中烘烤12分钟，烤好后倒扣烤盘，将蛋糕放在案板上。只需撕下侧面的油纸，带着底部的油纸放凉即可。

〔装饰〕

1. 将蛋糕有烤色的一面朝上，放在油纸上。把豆馅铺在蛋糕上再用抹刀抹匀压平，然后从面前开始用力卷起。卷好后用下面铺着的油纸包好蛋糕卷，外面再用保鲜膜包一层，然后放入冰箱冷藏约30分钟。

2. 将保鲜膜和油纸撕下，用温热的菜刀将蛋糕卷的两端切掉，再将抹茶（装饰用）用茶筛筛在蛋糕上即可。

重点

蛋糕卷 2

将蛋白慢慢打发，烘烤时蛋糕才能膨胀起来。先用电动打蛋器打发，最后使用打蛋器整理纹路。

蛋糕卷 4

在这款蛋糕卷的配方中，黄油用量较多，为了让黄油在倒入时能均匀分布，要贴着硅胶刮刀倒入。

装饰 1

先将边缘折起一圈，再轻轻按压，把它作为蛋糕芯。将手弯曲放在蛋糕下面，像往上推一样卷起蛋糕，一气呵成地卷好。

将深受众人喜爱的经典甜点用抹茶换新颜

抹茶奶油蛋糕

模具

直径18cm的蛋糕模1个

材料

海绵蛋糕

黄油…30g

牛奶…15g

鸡蛋…3个

砂糖…70g

A ┌ 抹茶…1大匙（7g）
  │ 低筋面粉…60g
  └ 泡打粉…1小撮

抹茶奶油

抹茶…1大匙（7g）

砂糖…3大匙

热水…2大匙

淡奶油…300ml

白巧克力…适量

煮红豆…适量

抹茶（装饰用）…适量

提前准备

❋ 烤箱预热到170℃。

做法

〈海绵蛋糕〉

1. 将A的所有材料均匀混合后过筛。

2. 将黄油和牛奶倒入锅内，开火加热，让黄油化开。

3. 将蛋液和砂糖放入碗内，用电动打蛋器低速打发。打发到提起打蛋器，蛋液落下后会有明显的痕迹即可。放入步骤1的材料，用硅胶刮刀搅拌到粉类没有结块，再倒入步骤2的材料并搅拌均匀。

4. 将步骤3的材料倒入铺有油纸的模具中，从高约3cm处缓缓倒下，可以消去大气泡。将蛋糕糊放入预热至170℃的烤箱中烘烤25分钟。脱模后放在烤架上，撕下油纸放凉即可。

〈抹茶奶油〉

1. 将抹茶用茶筛过筛后，和砂糖混合，再用热水溶解。

2. 将淡奶油和做好的抹茶倒入碗内搅拌，碗底放上冰水，将奶油打到八分发即可。

装饰

1. 将海绵蛋糕切成两片，注意厚度均匀。

2. 在1片海绵蛋糕片上抹上1/4的抹茶奶油，再叠上另一片蛋糕片，同样抹上1/4的抹茶奶油。蛋糕的侧面也涂抹上抹茶奶油，剩余的奶油装入裱花袋做裱花装饰。

3. 装饰上削碎的白巧克力和煮红豆，再撒上抹茶即可。

抹茶搭配奶酪的味道十分惊艳

抹茶奶酪蛋糕

模具
直径5cm、高4cm的圆形慕斯圈6个

材料
抹茶…1/2大匙
热水…1大匙
长崎蛋糕…适量
吉利丁粉…5g
水…1/4杯
奶油奶酪…120g
砂糖…40g
柠檬汁…1小匙
淡奶油…1/2杯
装饰用
　打发奶油…适量
　柠檬…适量
　薄荷…适量
　蓝莓…适量

做法

1. 将抹茶用茶筛过筛，再倒入热水搅拌均匀。

2. 将长崎蛋糕切成1cm厚的蛋糕片，再切成圆形慕斯圈底部的形状，放入慕斯圈中。

3. 将吉利丁粉撒入水中，静置一会儿，泡软后隔水加热至化开。

4. 将泡好的奶茶、吉利丁粉和奶油奶酪、砂糖、柠檬汁放入搅拌机中搅拌，搅匀后倒入碗内，再放入淡奶油搅拌均匀。

5. 将步骤4的材料倒入做好的慕斯圈内，再放入冰箱冷藏凝固，脱模后挤上打发奶油，最后用柠檬、薄荷、蓝莓装饰即可。

重点

4-1

将除淡奶油以外的材料用搅拌机充分搅拌。

4-2

用搅拌机搅拌时，要把材料搅拌到柔软，然后放入淡奶油。

5

将抹茶奶酪倒入慕斯圈，再用抹刀刮平表面。

抹茶和黑蜜，口感清爽

抹茶奶油黑蜜苏打

材料（2人份）

抹茶…1小匙

热水…2小匙

淡奶油…2大匙

黑蜜…3大匙

苏打水…150ml

抹茶冰激淋…1冰激淋勺

冰…适量

抹茶（装饰用）…适量

做法

1. 将抹茶用茶筛过筛后，倒入热水搅拌均匀，再倒入淡奶油搅匀。

2. 将冷却的黑蜜放入容器内，将步骤1的材料轻轻倒在上面。放入冰块，再慢慢倒入苏打水，小心溢出。

3. 用冰激淋勺取出1球冰激淋，放在步骤2的材料上，再撒上抹茶即可。

抹茶椰子慕斯

材料（2~3人份）

水…2大匙

吉利丁粉…⅔袋（7.5g）

蛋白…2个

砂糖…4大匙

椰奶…3/4杯

椰蓉…1/2大匙

A ┌ 抹茶…1/2大匙
　├ 砂糖…1大匙
　└ 热水…1大匙

做法

1. 将吉利丁粉撒入水中，静置一会儿将其泡软。

2. 将A均匀混合。做法是将抹茶用茶筛过筛后，和砂糖均匀混合，再倒入热水搅拌均匀。

3. 将蛋白和砂糖搅匀，用电动打蛋器打发到有小角立起的状态。

4. 将泡好的吉利丁粉隔水加热至化开，再和泡好的抹茶、椰奶均匀混合。碗底浸入冰水，边冷却边用硅胶刮刀搅拌至黏稠。

5. 在步骤4的材料内放入步骤3的材料搅拌，再用硅胶刮刀舀到容器内。最后撒上椰蓉即可。

抹茶果仁牛轧糖

材料（1方盒）

抹茶…1/2大匙

热水…1大匙

杏仁…100g

黄油…50g

南瓜籽…30g

A ⎡ 淡奶油…1/4杯
  ⎢ 细砂糖…70g
  ⎣ 蜂蜜…2大匙

提前准备

❋ 烤箱预热到160℃。

做法

1. 将抹茶用茶筛过筛后，倒入热水搅拌均匀。

2. 杏仁放入预热至160℃的烤箱中烘烤10～15分钟，散热后切成粗粒。

3. 黄油切小块，和A的材料一起放入锅内，开火加热。煮沸后转小火，边搅拌边煮5～6分钟。不时地将锅中的混合物滴入冰水中，若混合物在冰水中能完全凝固，即可关火。

4. 将做好的奶茶、杏仁、南瓜籽放入步骤3的材料中搅拌，再将混合物倒入铺有油纸的方盘内并抹平表面。冷却到接近人体的温度，然后切成大块即可。

只需备齐材料，再用搅拌机搅拌即可

抹茶奶昔

材料（2人份）

抹茶…2小匙

热水…2大匙

香草冰激淋…1小杯

牛奶…100ml

冰块…1杯

抹茶（装饰用）…适量

做法

1. 将抹茶用茶筛过筛后，倒入热水搅拌均匀。

2. 将做好的抹茶、香草冰激淋、牛奶、冰块放入搅拌机搅拌，趁冰块和冰激淋还没有化开，将混合物倒入容器中，再撒上装饰用的抹茶即可。

放入抹茶，炸虾的味道也变得清爽

翡翠炸盐虾

材料（2人份）

虾…100g

纹甲乌贼（新鲜）…50g

鸭儿芹…1/2把

低筋面粉…1大匙

米饭…2茶碗

粗盐…1/4～1/2小匙

油…适量

面衣

　低筋面粉…3大匙

　抹茶…1小匙

　凉水…3大匙

做法

1. 将虾壳和背部的虾线去掉，再将虾切小块。将纹甲乌贼切成和虾同样大小的小块。将鸭儿芹切成1～2cm的长段，和虾、纹甲乌贼一起放入碗内混合，再裹上低筋面粉。

2. 将面衣的材料全部均匀混合，裹在步骤1的材料上。将其分成两等份，分两次放入180℃的油中炸至酥脆。

3. 茶碗内盛上米饭，放上做好的虾，再撒上粗盐即可。

重点

1

翡翠炸的食材要先裹上低筋面粉，再裹上面衣。这样油炸时食材不容易散开。面衣的用量很少。

2

将面衣倒入盛有食材的碗内，而不是将食材放入外皮糊中，这样可以防止面糊裹得过厚。油炸时，用筷子不断地搅拌油，保证油温均匀。

抹茶卡仕达蛋白霜派

模具
直径18cm的奶油蛋糕模具1个

材料

饼干底
胚芽饼干…120g
黄油…50g

A ⎡抹茶…1/2大匙
　⎢砂糖…1大匙
　⎣热水…1大匙

抹茶卡仕达
玉米淀粉…2大匙
砂糖…3大匙
鸡蛋…1个
豆浆…130ml

蛋白霜奶油
蛋白…1个
砂糖…2大匙
淡奶油…1/2杯
砂糖…1/2大匙
抹茶（装饰用）…适量

做法

〈饼干底〉

将胚芽饼干放入食物料理机中搅拌成粉状。再倒入碗内，放入化开的黄油搅匀，然后铺在活底蛋糕模底部。

〈抹茶卡仕达〉

1. 将A的材料均匀混合。做法是将抹茶用茶筛过筛后，和砂糖均匀混合，再倒入热水搅拌均匀。

2. 碗内放入玉米淀粉、砂糖、鸡蛋，用打蛋器搅拌均匀。然后，将加热到接近人体温度的豆浆一点点放入，同时将混合物打发。

3. 将步骤2的材料倒入锅内，开火加热，边用木铲搅拌边加热到沸腾。煮沸1～2分钟后，加入做好的奶茶并均匀混合。

4. 将步骤3的材料倒在饼干底上，盖上保鲜膜，再将表面抹平。将模具放入冰箱冷藏，冷却至卡仕达凝固即可。

〈蛋白霜奶油〉

1. 蛋白内放入2大匙砂糖，用打蛋器或者电动打蛋器打发到有小角立起的状态。

2. 在淡奶油中放入1/2大匙砂糖，打到九分发后放入打好的蛋白中，然后搅拌均匀即可。

装饰

1. 抹茶卡仕达凝固后，从冰箱中取出并脱模。

2. 将蛋白霜奶油装入裱花袋，挤在卡仕达的表面，然后撒上抹茶装饰即可。

抹茶卡仕达 *2*

加热前先在玉米淀粉、砂糖、鸡蛋的混合物中加入温热的豆浆，使温度慢慢升高，这样可以防止加热时鸡蛋受热凝固。

抹茶卡仕达 *4*

将抹茶卡仕达倒在饼干底上，盖上保鲜膜后，用手按压，抹平表面。然后带着保鲜膜冷却。

蛋白霜奶油

将淡奶油打发后放入蛋白中搅拌。蛋白霜混入油分，容易消泡，因此在放入淡奶油前要将蛋白完全打发。

用豆腐和水饴做出松软柔滑的口感

抹茶冰激淋

材料（方便制作的量）

绢豆腐…1/2块

砂糖…100g

水饴…150g

抹茶…1大匙

热水…½大匙

做法

1. 将豆腐放入足量的水（分量外）中浸泡约30分钟。

2. 将豆腐从水中取出，擦去水分，用手捏成泥状，再放入砂糖和水饴搅拌均匀。

3. 将抹茶用茶筛过筛后，倒入热水搅拌均匀，然后倒入拌好的豆腐内。搅拌均匀后将混合物倒入方盘内，再放入冰箱冷冻4～5小时，直至完全冻住。

4. 将冻好的步骤3的材料用汤匙慢慢削成花朵状，然后盛在盘中即可。

让抹茶更添一丝清爽

抹茶苹果苏打

材料（2人份）

抹茶…1小匙

热水…50ml

苹果汁…100ml

苏打水…100ml

冰块…适量

做法

1. 将抹茶用茶筛过筛后，倒入热水搅拌均匀。

2. 将做好的抹茶、苹果汁、冰块倒入玻璃杯中，再慢慢倒入苏打水即可。

糖渍橘皮虽低调，却是点睛之笔

抹茶棉花糖

材料（4人份）

抹茶…1/2大匙

热水…1大匙

吉利丁粉…10g

水…1/4杯

糖渍橘皮…20g

细砂糖…50g

水…1/2杯

糖粉（防潮类型）…适量

抹茶（装饰用）…适量

做法

1. 将抹茶用茶筛过筛后，倒入热水搅拌均匀。

2. 将吉利丁粉撒入水中泡软。

3. 将糖渍橘皮切碎。

4. 在锅内放入细砂糖和水，开火加热。沸腾后等细砂糖溶化后关火，再放入泡好的吉利丁粉搅匀。待吉利丁粉化开后放入做好的抹茶、橘皮搅匀。

5. 将步骤4的材料倒入碗内，用电动打蛋器充分打发10～15分钟。待液体变黏稠后，盖上保鲜膜，倒入方盘内冷却凝固。

6. 将抹茶（装饰用）和糖粉（防潮类型）搅拌均匀，裹在步骤5的材料上即可。

用抹茶搭配黏稠的葛粉和温暖的生姜

抹茶生姜葛粉汤

材料（2人份）

抹茶…1小匙

葛粉…2大匙

和三盆糖…⅖大匙

水…¾杯

生姜榨汁…1/2大匙

盐渍樱花…适量

做法

1. 将抹茶用茶筛过筛、和葛粉、和三盆糖混合后，倒入锅内，再倒入水搅匀，用中火加热，边搅拌边煮沸。搅拌约1分钟，直至混合物变黏稠。

2. 将步骤1的材料倒入容器内，将生姜榨汁撒在表面，再放上洗去盐分的盐渍樱花即可。

抹茶砂糖核桃

材料（4人份）

核桃…150g
砂糖…100g
水…1/2大匙
抹茶…1小匙

做法

1. 将核桃放入预热至170℃的烤箱中烘烤约10分钟，烤好备用。

2. 将砂糖倒入锅内，薄薄地摊开，再撒入水。用小火加热，等待砂糖溶化。

3. 待砂糖基本溶化，还残余1～2成时关火，倒入做好的核桃，用木铲快速搅拌，使砂糖边裹在核桃上边结晶。继续搅拌，直至核桃散开，然后倒入碗内放凉。

4. 将抹茶用茶筛过筛，再裹在核桃上即可。

用和三盆蜜凸显抹茶的清香

抹茶葛粉条和三盆蜜

材料（4人份）

抹茶葛粉条

抹茶…1小匙

热水…2小匙

葛粉…80g

水…160ml

冰块…适量

和三盆蜜

和三盆糖…50g

水…4大匙

做法

1. 将抹茶用茶筛过筛后，倒入热水搅拌均匀。

2. 将葛粉用水慢慢溶解，再一点点倒入做好的抹茶搅匀。

3. 将步骤2的材料薄薄地倒入方盘内并铺开，再使方盘漂在盛有热水的平底锅内。表面凝固后，连方盘一起浸入热水中，待葛粉条变得通透后，从水中取出方盘，再小心地将葛粉条取出即可。

和三盆蜜

将制作和三盆蜜的材料全部放入小锅内，用小火加热。边煮边撇去浮沫，煮至微微黏稠后关火冷却。

装饰

将抹茶葛粉条切成6~7mm宽，放入盛有冰块和水的容器中，再加入和三盆蜜。

抹茶和咖喱香料的香气交融

抹茶咖喱

材料（2~3份）

洋葱…1/2个

甜椒（红）…1/2个

芦笋…2个

色拉油…1大匙

A ┌ 椰奶…1杯
　│ 酸奶…1杯
　│ 绿咖喱泥…1大匙
　└ 生姜榨汁…1大匙

B ┌ 抹茶…1大匙
　│ 茴香…1/2小匙
　│ 豆蔻…1/4小匙
　│ 香菜籽…1/4小匙
　└ 什香粉…1/4小匙

做法

1. 将B的材料全部均匀混合。

2. 将洋葱和甜椒切成边长1~2cm的小方块，芦笋切成2cm的长段，然后一起放入锅中用色拉油翻炒。将洋葱炒至透明，再放入A的所有材料开始煮，盖上锅盖用中火煮约5分钟。

3. 将步骤1的材料放入步骤2的材料中搅拌至顺滑，然后撒盐提味即可。

抹茶让水羊羹更清爽

抹茶巴菲

材料（4人份）

抹茶水羊羹

  抹茶…1/2大匙

  热水…2大匙

  琼脂粉…2g

  水…150ml

  白芸豆馅…60g

喜欢的食材

  抹茶芭芭露（P.61抹茶三色奶冻）

  …1人份

  长崎蛋糕…1片

  抹茶海绵蛋糕（P.65抹茶奶油蛋糕）…

  和长崎蛋糕等量

  打发奶油…适量

  抹茶冰激淋（P.76）…2冰激淋勺

  糖水栗子…2个

  抹茶奶油（P.65抹茶奶油蛋糕）…适量

  抹茶砂糖核桃（P.80）…适量

做法

抹茶水羊羹

1. 将抹茶用茶筛过筛后，倒入热水搅拌均匀。

2. 将琼脂粉撒入水中，静置约10分钟将其泡软。

3. 将泡好的琼脂粉倒入锅内，开火加热。沸腾后转小火煮1～2分钟。琼脂化开后，放入白
芸豆馅搅拌均匀。

4. 关火，将做好的抹茶倒入步骤3的材料中搅拌均匀，再把混合物倒入长盘或方盘内。盘底
浸入冰水，或者放入冰箱冷藏即可。

装饰

在容器底部放入抹茶芭芭露，再叠加放入切成边长2cm的小方块的长崎蛋糕、抹茶海绵蛋糕和
打发奶油。中间挤入小山形状的抹茶奶油，摆上切成粗条的抹茶水羊羹、抹茶冰激淋和糖水
栗子，最后撒上抹茶砂糖核桃。

日本抹茶购买地址名单

这里介绍能在日本网站上买到抹茶的店铺。
如果附近的超市买不到抹茶，可以参考这里。

京都

三星园上林三入本店

京都府宇治市宇治莲华 27-2
☎0774-21-2636
营业时间 / 9：00～18：00
定休日 / 全年无休
HP / http://ujicha-kanbayashi.co.jp

爱知

朝日园制茶

爱知县西尾市上六家宅邸 1-1
☎0563-57-2778
营业时间 / 24小时
　　　　　（只限网上销售）
定休日 / 全年无休
HP / http://www.rakuten.co.jp/nishio-greentea

爱知

茶之真清园

爱知县一宫市本町 1-2-22
☎0586-24-5411
营业时间 / 9：30～17：30
定休日 / 星期日、节假日的星期一
HP / http://www.masumien.co.jp

静冈

石松园

静冈县烧津市荣町 6-7-5
☎0120-29-6123
营业时间 / 9：00～19：00
定休日 / 星期六、星期日、节假日
HP / http://ishimatsuen.info/

东京

土井园

东京都目黑区平町 1-26-10
☎03-3717-4728
营业时间 / 10：00～19：30
定休日 / 星期日、节假日
HP / http://www.ochaocha.com

爱知

松鹤园

爱知县西尾市上町南荒子 50-2
☎0563-54-3360
营业时间 / 9：00～19：00
定休日 / 星期三
HP / http://www.syoukakuen.com

爱知

妙香园·本店

爱知县名古屋市热田区泽上 2-1-44
☎052-682-2280
营业时间 /（平常+星期六）9：00～19：00
　　　　　（星期日）9：00～18：30
定休日 / 全年无休（1/1～1/3除外）
HP / http://www.myokoen.com

京都

丸久小山园

京都府宇治市小仓町寺内 86
☎0774-20-0909
营业时间 / 9：00～17：30
定休日 / 星期六、星期日、节假日不定休
HP / http://www.marukyu-koyamaen.co.jp

大阪

宇治园

大阪府大阪市中央区心斋桥筋 1-4-20
☎06-6252-7800
营业时间 / 10：00～20：30
定休日 / 不定休
HP / http://www.uji-en.co.jp/index.html

配方索引

日式糕点

西式糕点

图书在版编目（CIP）数据

我爱抹茶 / （日）林幸子编著 ; 周小燕译 . -- 青岛 :
青岛出版社 , 2018.4
　　ISBN 978-7-5552-6828-4

　　Ⅰ . ①我… Ⅱ . ①林… ②周… Ⅲ . ①甜食—制作
Ⅳ . ① TS972.134

　　中国版本图书馆 CIP 数据核字 (2018) 第 049773 号

我爱抹茶

[日] 林 幸子　编著　　周小燕　译

策划制作	北京书锦缘咨询有限公司（www.booklink.com.cn）
总 策 划	陈 庆
策　　划	邵嘉瑜
设计制作	柯秀翠

出版发行	青岛出版社
社　　址	青岛市海尔路182号（266061）
本社网址	http://www.qdpub.com
邮购电话	13335059110　0532-85814750（传真）　0532-68068026
责任编辑	肖 雷
印　　刷	青岛新华印刷有限公司
出版日期	2018年7月第1版　2018年7月第1次印刷
开　　本	16开（889毫米×1194毫米）
印　　张	5.5
字　　数	70千
图　　数	126幅
印　　数	1-7000
书　　号	ISBN 978-7-5552-6828-4
定　　价	38.00元

编校质量、盗版监督服务电话　4006532017

（青岛版图书售出后如发现印装质量问题，请寄回青岛出版社出版印务部调换。
电话：0532-68068638）